OUT OF THIS WORLD
走出这个世界

认识美国国家航空和航天局发明家**梅森 · 派克**和他的

鱼形太空探测器

SQUISHY, FISHY ROBOT EXPLORERS

[美] 杰夫 · 德 · 拉 · 罗莎 著
朱卫国 译

上海辞书出版社

上海市版权局著作权合同登记章：图字09-2018-347

Squishy, Fishy Robot Explorers

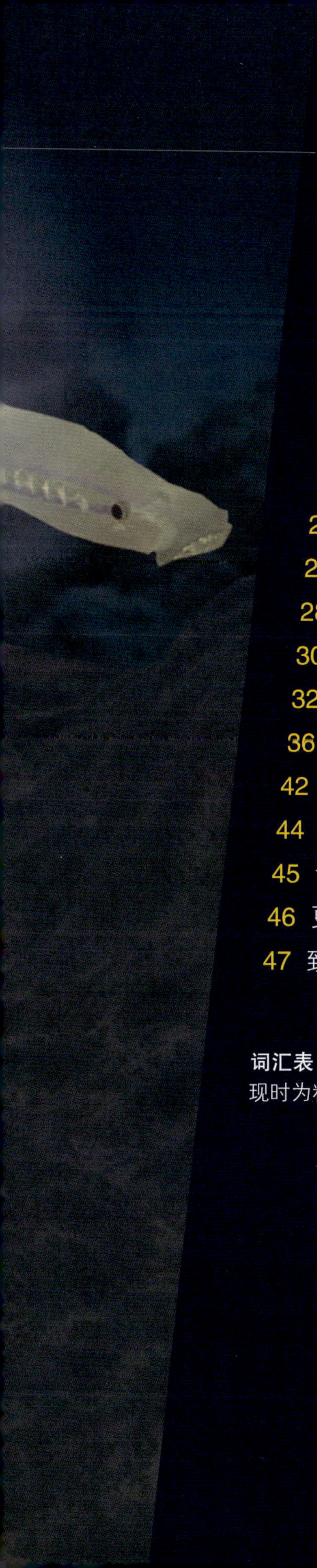

目　录

4 引言

6 充满生命的海洋?

8 目的地：木卫二

12 为任务提供动力

16 发明者的故事：一位小发明家诞生了

18 更柔软的机器人

22 发明者的故事：灵感来自科幻小说

26 像鱼儿一样游水?

28 大创意: 仿生

30 发明者的故事: 其他兴趣

32 到木卫二去

36 寻找生命

42 发明者的故事: 比赛

44 梅森・派克和他的团队

45 词汇表

46 更多信息/像发明家一样思考

47 致谢

词汇表　第45页为术语词汇表。词汇表中的术语在正文中第一次出现时为粗体。

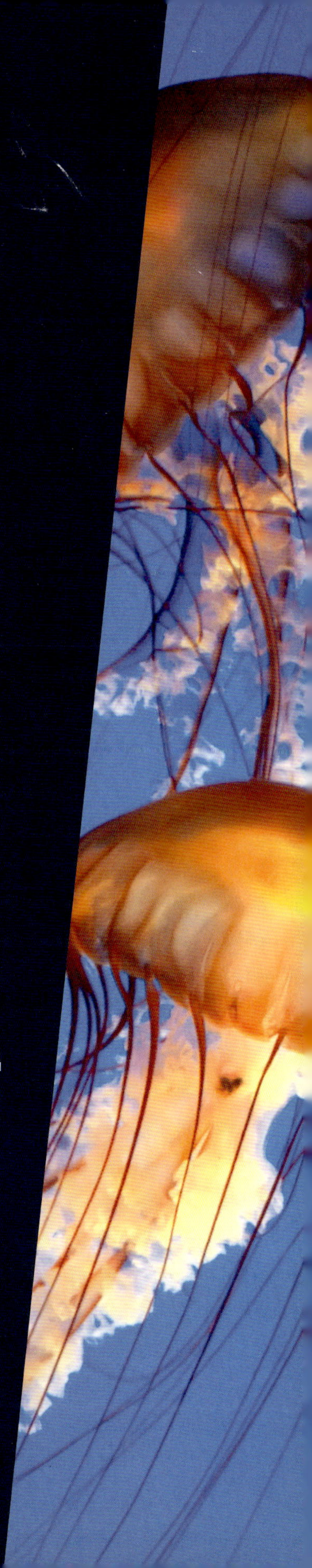

木星按离太阳由近及远的次序是**太阳系**的第五颗行星，也是太阳系中最大的行星。它的**卫星**之一木卫二，或许是你可以想象的最糟糕的居住地。木卫二寒冷而黑暗的表面覆盖着厚度约达 20 千米的冰层。

但是，科学家们对冰层下面有什么非常感兴趣。冰层下是一片汪洋的液态水。液态水在寻找外星生命（生活在地球之外的生物）中起着重要的作用。在地球上，生命有许多不同的形式，从微小的**微生物**到巨大的大象。但是我们所知道的所有生命都有一个共同点：它们需要一些液态水来维持生命。

充满生命的海洋？

水母是用类似胶状的材料支撑其柔软躯体的水生动物。它们以身体像降落伞那样膨胀打开，然后又迅速收聚起来的方式来游水。这种运动把水从躯体下面挤出，喷射水流的反作用力使得水母在水里移动。

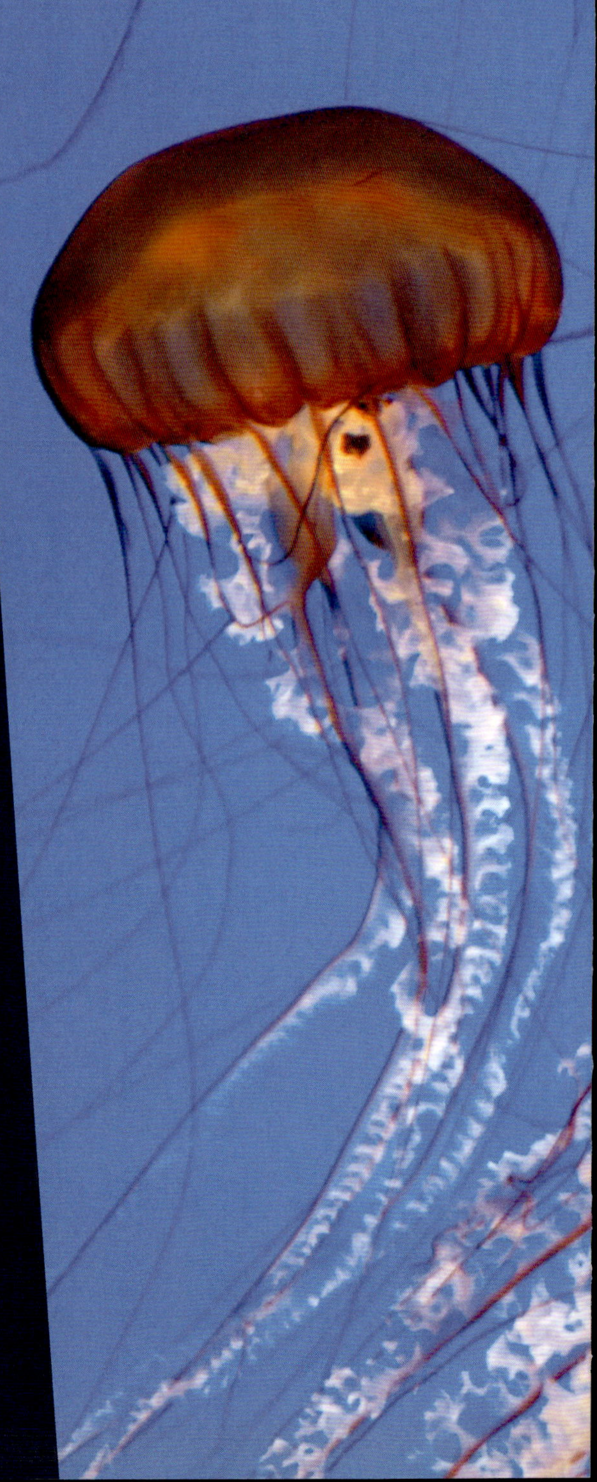

木卫二冰层下面巨大的海洋是否充满了生命？为了找出答案，我们可能必须到那里去。派航天员到如此遥远的地方去目前还不可能。所以，我们将会派机器人去。但一般的机器人身上都是金属零件和旋转的马达，太笨重了，而且价格也太昂贵了。

为了寻找冰层下的海洋生物，我们可能要设计像海洋生物那样行动的机器人。由一位名叫梅森·派克的美国教授领导的一个发明家团队就在干这件事。他们的梦想是把探测机器人送到木卫二的冰下海洋中寻找生命。他们正在设计的那些湿软的机器人与其说像昔日笨重的机器，倒不如说更像水母或乌贼。

美国国家航空和航天局创新先进概念计划

“走出这个世界”系列丛书聚焦那些从美国国家航空和航天局成立的一个组织中获得大量拨款的项目。美国国家航空和航天局创新先进概念计划 (NIAC) 为致力于在空间技术中进行大胆创新研发的团队提供资金支持。你可以访问 NIAC 的网站：www.nasa.gov/niac 获取更多资讯。

认识梅森·派克

“我是位于纽约州伊萨卡的康奈尔大学的工程学教授。从小我就想造一个以前没人造过的东西。现在我正领导一个发明家团队，致力于为未来去木卫二的任务而研制一种湿软的机器人。”

覆盖木卫二表面的主要是裂开的和曾经漂移过的大块冰块，这暗示着其下面可能是液态水的海洋。木卫二是木星的一颗卫星，木星按离太阳由近及远的次序是太阳系的第五颗行星。

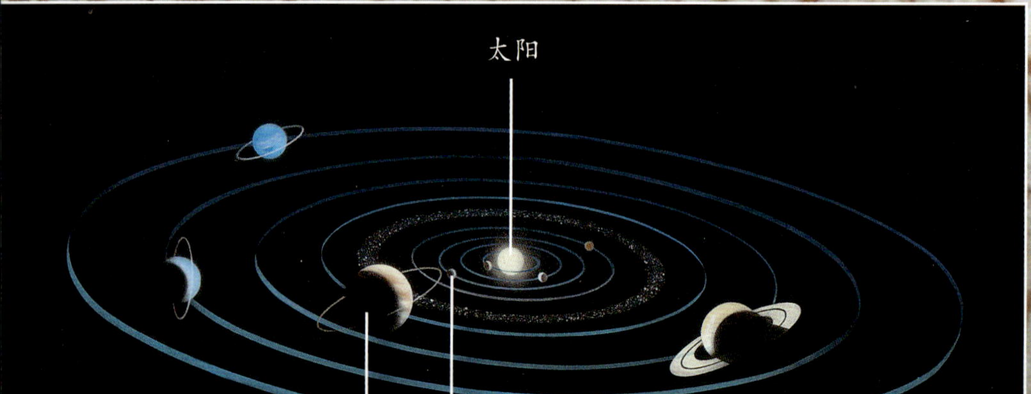

我们的太阳系包括太阳和太空中围绕太阳旋转的所有天体，包括地球。地球按离太阳由近及远的次序是太阳系的第三颗行星，木星是第五颗。木星是太阳系中最大的行星。它是一颗气态巨行星。气态巨行星是主要由**氢**和**氦**元素组成的一类巨大行星。

与地球或火星不同，木星没有可以用来寻找生命的固体表面。但它却有几十颗由岩石和冰组成的卫星。卫星是围绕行星旋转的天体。木星有四颗很大的卫星，只需简单的望远镜就能从地球上看到。意大利天文学家伽利略(1564—1642)在 17 世纪初就发现了这四颗卫星。伽利略是第一位用望远镜定期观测夜空的科学家。为了纪念他，这四颗卫星被称为伽利略卫星。按离木星由近及远的次序，分别命名为 (1) 木卫一，(2) 木卫二，(3) 木卫三，(4) 木卫四。

木卫二直径约 3120 千米，略小于地球的卫星月球。木卫二光滑而明亮的表面由水冰组成。(冰可以由水以外的其他东西构成。例如，一种叫作甲烷的气体可以冻结成冰。)

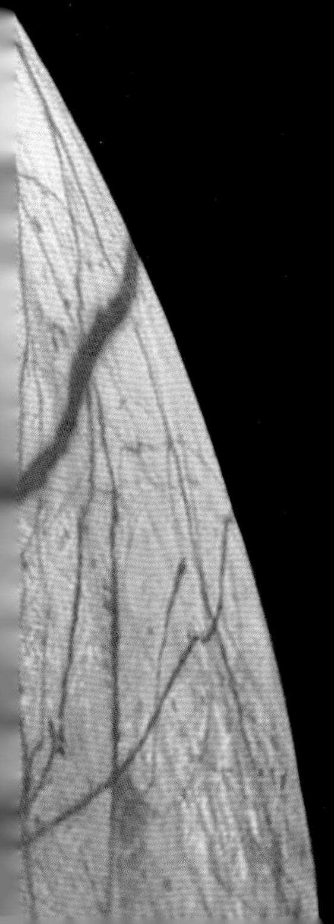

木卫二表面的温度不会高于 –160℃。相比之下，地球上记录的室外最冷的温度约为 –89℃。木卫二的大气非常稀薄。它也始终遭到来自木星的**磁场**粒子（微小原子）的轰击。这个磁场是一个围绕着该行星的无形的磁性影响区域。

木卫二的冰层下可能是温暖的。当木卫二围绕着木星运行时，木星**引力**拉扯、挤压着它的卫星。这种拉扯挤压使木卫二的内部加热，这种效应叫作**潮汐加热**。有充分的证据证明，潮汐加热有助于在木卫二冰层下数千米维持一片液态水的海洋。这片海洋可能覆盖了整个木卫二。科学家们就是想在这里寻找外星生命。

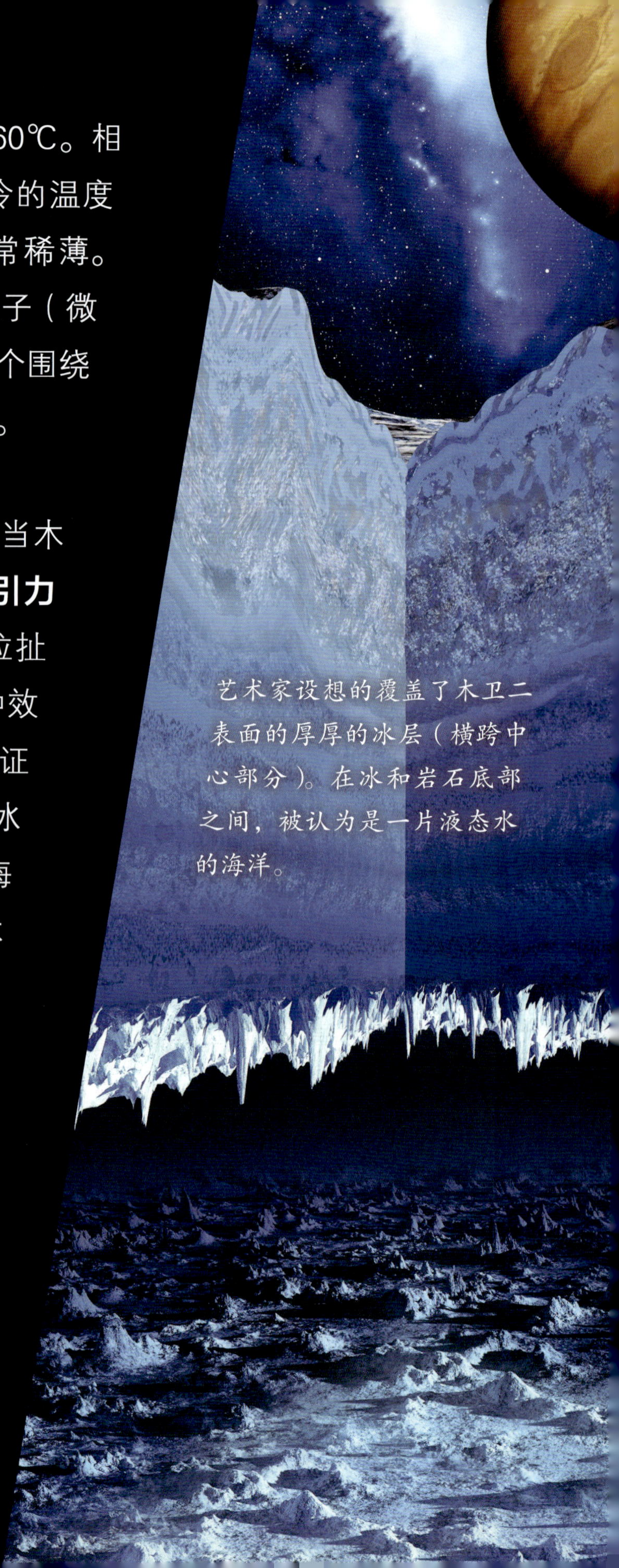

艺术家设想的覆盖了木卫二表面的厚厚的冰层（横跨中心部分）。在冰和岩石底部之间，被认为是一片液态水的海洋。

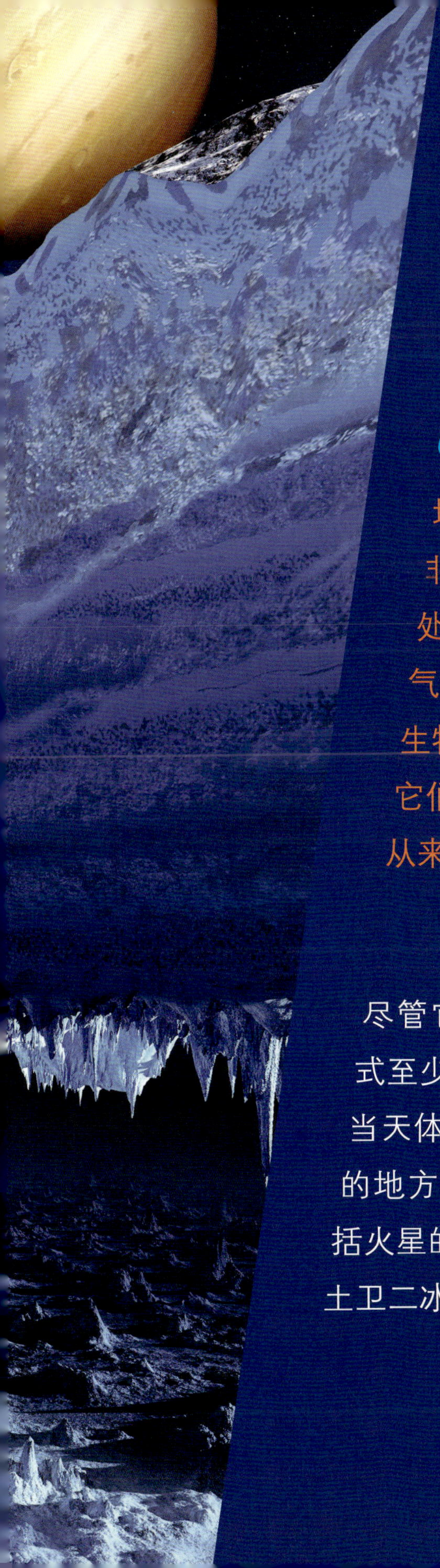

跟着水走

天体生物学家是寻找外星生命迹象的科学家。要想知道该往哪里寻找，他们必须研究他们所知道的生命形式。

“遗憾的是，天体生物学家只有一个实例——地球上的生命。但他们知道，地球上的生命是非常多样化的。地球上我们能看到的地方几乎到处都可以找到生命体。在接近太空边缘的高层大气有细菌。在热水渗出的海底有一些叫作极端微生物的生命体。甚至还有一些生活在岩石里的生物。它们从岩石中的物质释放出的辐射中汲取能量，而从来没有见过白昼或者别的任何东西。”

——派克

尽管它们有巨大的多样性，但我们知道所有生命形式至少有一个共同点：它们需要液态水来生存。因此，当天体生物学家寻找外星生命时，是从有充足液态水的地方开始的。在我们的太阳系中，这些地方可能包括火星的一部分、木卫二冰层下的海洋、土星的卫星——土卫二冰层下的海洋。

为任务提供动力

探索木卫二的主要问题之一是缺乏能源。探测机器人需要工作的动力源。普通电池太重，而且电力很快就耗尽，在极端环境（条件非常苛刻的环境——例如，极热、极冷或十分干燥）下的工作性能也不是很好。

许多无人航天器都使用**太阳能**。它们用叫作太阳能电池板的装置来把阳光转换成电能。然而，木星离太阳的距离是地球的五倍。这意味着到达木卫二的阳光强度只有到达地球表面的二十五分之一。在冰下几千米探测机器人可能完全在黑暗中工作。

航天器的另一种现成的动力源是**核能**。核动力航天器携带放射性物质。放射性物质自然衰变（分解）并且在衰变过程中释放能量。放射性衰变产生的热量被转换成电能。但是这样的动力系统不仅昂贵而且笨重。

“据我们所知木卫二表面以下是漆黑一团，完完全全的一片黑暗。”

——派克

而派克领导的发明家团队正在设法利用另一种能源——磁力来为他们的机器人供电。磁铁和其他磁性物体在它们周围形成一个无形的影响区域，这个区域就是磁场。磁场中的波动（变化）会在导体中产生电流。所谓导体是一种能传导电流的材料。在地球上，发电机就是根据这个原理工作的，这种原理就是**电磁感应**。

许多发电机——将运动转化为电能的机器——的工作方式就是在磁铁附近旋转一个线圈。旋转线圈，使其暴露在磁波动中，从而在线圈内部感应产生电流。以一种有点类似的方式，该发明团队的探测机器人在尾部拖一根长导线，称为电磁缆索。在这种情况下，木星的作用就像磁铁，行星强大磁场中的波动会在缆索（机器人尾部像系绳一样的线）上产生电流。机器人可以收集电流为动力。这种收集能量的方式称为**电动能量采集**。虽然这种缆索可能不会收集到大量的电力，但只要加上一点聪明的想法，这些电力可能就足够了。

回馈地球：

木星像下图描绘的那样放射出强烈的磁场。

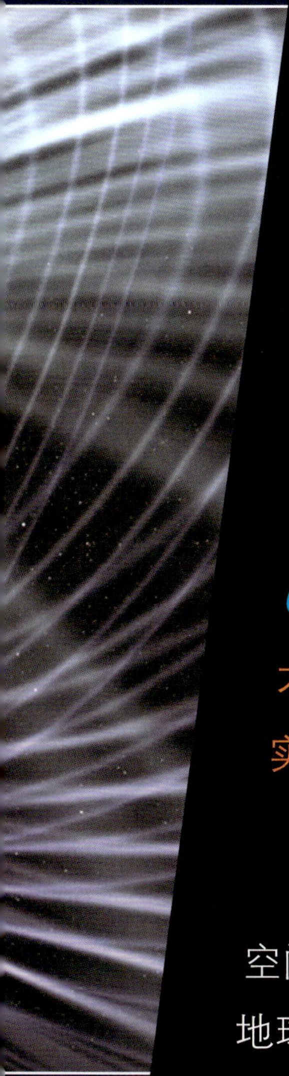

来自太空的创意也可以服务于地球上的我们

“机器人游泳的方式和它使用电力的方式可以告诉我们，我们如何更有效（没有浪费）地利用地球上的能源。”

——派克

像美国国家航空和航天局这样的组织支持“走出这个世界”的研究，部分原因是它可能会给我们的日常生活带来实际的好处。木卫二上的探测机器人不得不用很少的能量来工作。这迫使发明者开发出极其高效的动力系统。

“我们所造的机器人在能量方面受到高度的限制（能量有限），不能拥有需要的所有能量。在这些限制条件下设计一项技术，实际上教会了我们如何花更少的能量来做更多的事情。”

——派克

空间技术的任何突破都可能导致地球上出现更高效的系统，在地球上，能源效率和保护（保护地球自然资源）是全球关注的问题。

发明者的故事：

一位小发明家诞生了

从很小的时候起，派克就对用来满足人类需要的建造技术（工具和机器等）感兴趣。

六岁的派克在玩乐高积木。

“长大后，我急切地等待家里的电器出故障，这样我就能把它们带到地下室完全拆开（把它们彻底大卸八块）。我从来没有弄坏过任何东西，但有东西损坏的时候我从来没有伤心过。”

—— 派克

派克对修理这些机器不感兴趣。相反，他对它们里面到底有什么东西却很着迷。

“里面总是有惊喜：镀绿漆的漂亮的铜线圈，令人惊叹的小开关和可以插上电池看着旋转的电动机。我想如果我父母问我能不能修理坏的机器，我会感到非常惊讶。对我来说，把坏了的电器拆得支离破碎是把它们扔进垃圾桶之前获得最后一点乐趣的方法。”

—— 派克

作为一个成年人，梅森建议年轻人首先研究他们感兴趣的事情。

“今天你对感兴趣的技术进行探索所需的信息和工具比以往任何时候都更容易获得。你不必等待大人们的鼓励。把握自己的兴趣，并试着独自去学习。”

—— 派克

更柔软的机器人

传统的机器人有硬质合金或塑料制成的身体。它们的部件在关节处连接，并由齿轮和马达驱动。所有这些刚性（不弯曲）部件都需要相当大的能量来驱动。而坚硬的、有关节的身体特别不适合游泳。所有这些刚性部件在水中移动时都会产生被称为湍流的涡流，从而减缓机器人的移动速度。电动能量采集可能无法为这样的机器人提供足够的动力。

为了探索木卫二的海洋，未来的探测机器人可能不得不变得柔软。**软体机器人技术**是工程学中一个相当新的分支。在软体机器人技术中，刚性部件被能够弯曲的软橡胶或塑料部件所取代。推动诸如空气或水那样流动的东西，通过它们可以改变这些部件的形状。

与刚性机器人相比，软体机器人有许多优点。首先，它们可以以更复杂的方式移动和弯曲，例如像蛇一样卷曲。它们甚至可以膨胀（变大）或收缩（变小）。

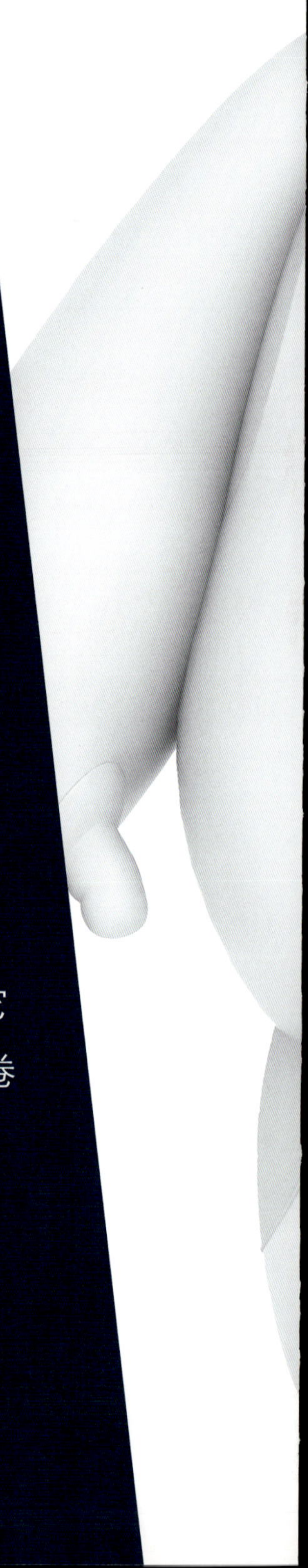

“只要用**活塞**或**泵**将软体机器人的一部分充气，你就能使机器人的整体形状发生变化。这对于由马达、齿轮、凸轮、连杆和滑轮之类的东西构成的机器人来说是很难做到的。”

—— 派克

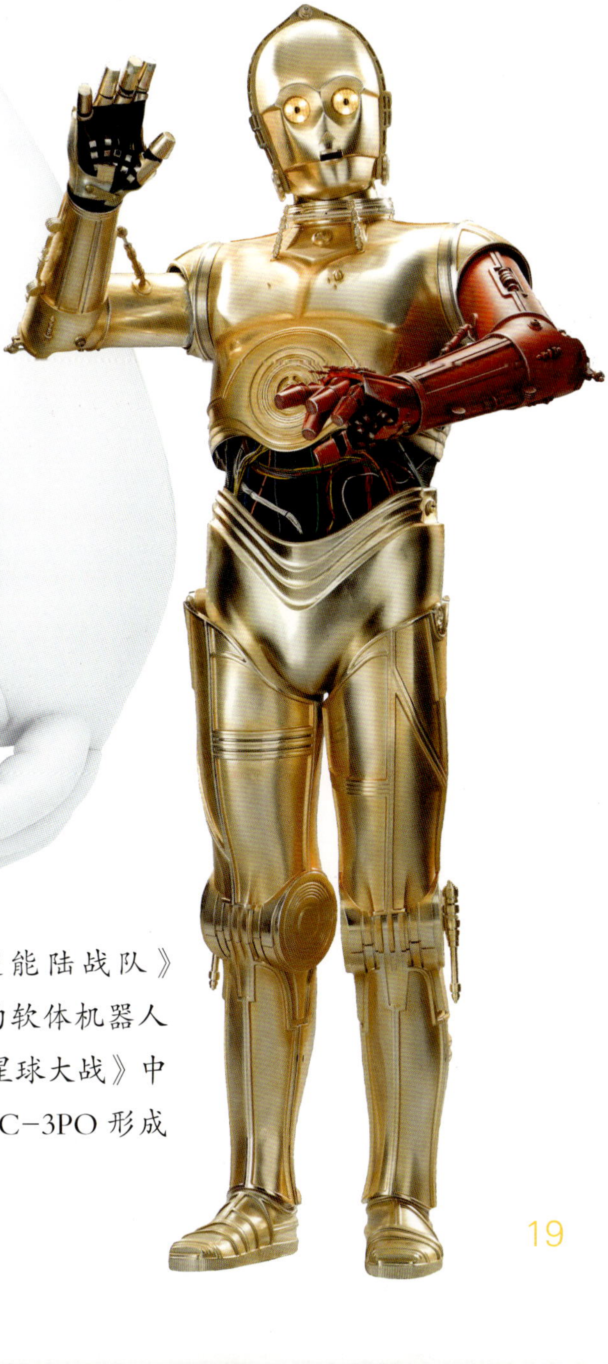

左边电影《超能陆战队》（2014 年）中的软体机器人大白与电影《星球大战》中的传统机器人 C-3PO 形成鲜明对比。

软体机器人与刚性机器人相比还有其他优点。刚性机器人在施加轻微压力或调整握力时可能会遇到麻烦。这会导致它们压碎或损坏它们所处理的东西。科学家通过实验证明了软体机器人的夹钳更适合处理易碎和形状怪异的物品，如新鲜水果和蔬菜。

此外，软体机器人的制造成本可能要低得多。传统的机器人零件通常是用昂贵的金属并以昂贵的方式制造的。

“造一个软体机器人，我们所做的就是浇注一个橡胶的躯体。我们制造一个模具并倒进液态硅橡胶。橡胶固化后，我们就把它从模具里取出来。”

——派克

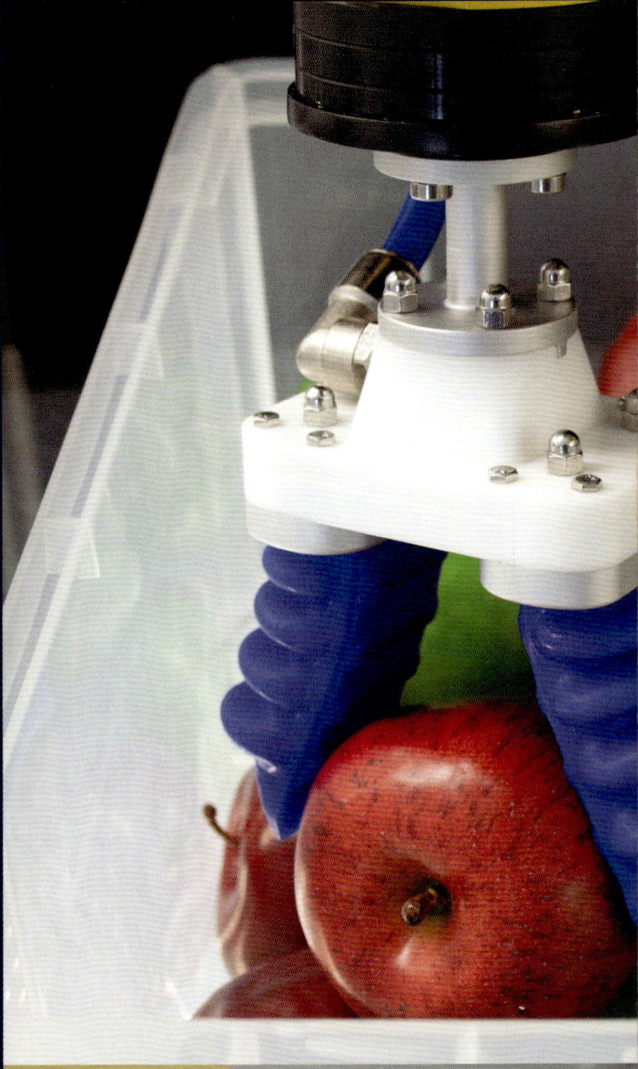

带有软夹钳的机器人可能更适合处理形状奇特或易碎的物品（右上）。在右下角的图片中，一个硅橡胶机器人被从模具中取出。

回馈地球：

来自太空的创意也可以服务于地球上的我们

用于医学领域的软体机器人技术也正在开发中。在某些外科手术中，医生们使用机器人设备的例子越来越多。与刚性机器人相比，软体机器人能更轻柔地处理活体组织（形成动物或植物各部分的大量细胞），而不会损坏它。软体机器人技术也可以用来制造弯曲效果更像活体组织的假肢。

“软体机器人可以以正确的方式与人体保持一致，也可以像身体一样移动。”

—— 派克

发明者的故事：

灵感来自科幻小说

像许多工程师一样，派克从科幻小说中获得灵感。事实上，他的父亲，理查德·派克（1936— ）就是一位科幻小说作家，在20世纪60年代至70年代就发表了一些科幻小说。理查德·派克最著名的小说《通勤列车》中，通勤者（上下班的人）必须轮流开一列未来的火车穿过危险区域。

“科幻小说中有很多伟大的概念。小时候，我就想把它们变成现实。”

—— 派克

“我非常幸运有一个鼓励我思考这些问题的父亲，而且他有一个充满科技书籍的图书馆。”

—— 派克

派克成了亚瑟·C·克拉克(1917—2008)和菲利普·K·迪克(1928—1982)等作家的书迷。他也对他年轻时代的电影——从《2001：太空漫游》(1968年)到《星球大战》(1977年)——中对于未来的想象感到惊讶。

“虽然这些电影显然是虚构的，但是它们仍然向你展示了科技非凡的能力。今天在互联网上，你可以发现很多人非常努力地制造光剑(《星球大战》中的未来武器)。虽然在物理上未必可行，但是科幻小说的故事激发了人们对现实科学的灵感。”

—— 派克

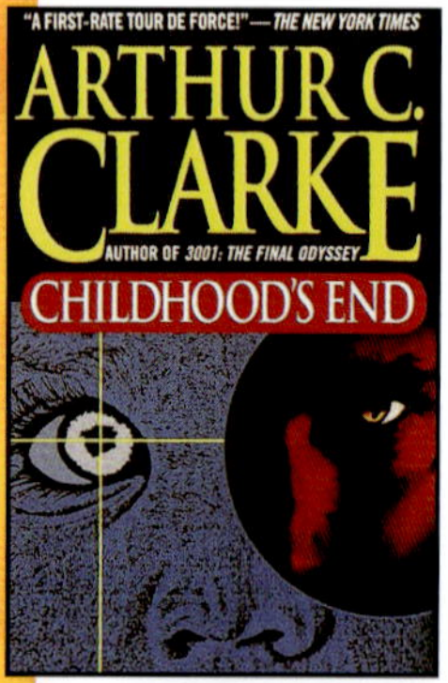

亚瑟·C·卡拉克

亚瑟·C·卡拉克 (1917–2008) 是一个出生在英国的作家，他的科幻小说以其科学准确性而著称。他早期的作品让大众更了解太空旅行的概念。克拉克最优秀的著作包括小说《童年的终结》(1953 年) 和《与拉玛相会》(1973 年)。他还参与了电影剧本《2001：太空漫游》的编写。

“我爱克拉克，爱他那些美好的展望。他经常描述那种科技能带来的乌托邦 (完美的地方)。”

—— 派克

菲利普 · K · 迪克

菲利普·K·迪克(1928—1982)是一个美国科幻作家。他的科幻小说以对哲学(研究存在与真实的学科)思想的关注而著称，不太注重情节或小玩意(幻想的武器或器件)。在他最著名的小说《机器人会梦见电子羊吗?》(1968年)中，受雇来抓人形机器人的赏金猎人，一直在努力解决人类意味着什么的问题。这本书成为电影《银翼杀手》(1982年)的灵感源泉。

“迪克的故事与传统的‘暴眼怪物’的科幻小说有很大区别。”

——派克

像鱼儿一样游水？

用湿软的材料制成可以使木卫二上的探测机器人做一些传统机器人很难做到的事情——游水。这种机器人可以制成像水母这样的海洋生物一样，并以类似的方式游水。但要做到这一点，它需要的不仅仅是一个柔软的身体，还需要一个独特的推进系统（用来移动的系统）。

“机器人通过把水转化为爆炸性气体把它从水中采集的电力储存起来。”

——派克

派克的湿软的机器人会利用从木星磁场中获得的少量电能来进行**电解**。电解是利用电流分离化学元素。在这种情况下，机器人将水（化学式 H_2O）电解成氢气（H_2）和氧气（O_2）。机器人会将这些气体储存在它柔软的身体内。

当机器人需要移动时，它会将氢和氧结合起来。将这两种气体结合在一起会产生强烈的爆炸。事实上，许多火箭都是由氢和氧结合产生的动力来驱动的。

这种像鱼一样的湿软的机器人会在更小的范围内产生这样的爆炸。机器人的设计可以使微小规模的爆炸产生膨胀的气体从而改变身体的形状。例如，机器人可以像雨伞一样伸展身体的一部分来吸水，然后把水挤出来，把自己推向另一个方向。水母就是以类似的方式移动的。

在这幅图中，一个软体机器人将氢氧结合推动自己在水中穿梭。

派克的机器人将水分解成氢气和氧气，以此作为一种储存能量的方法。在电解过程中两个水分子产生两个氢气分子和一个氧气分子，如图所示。

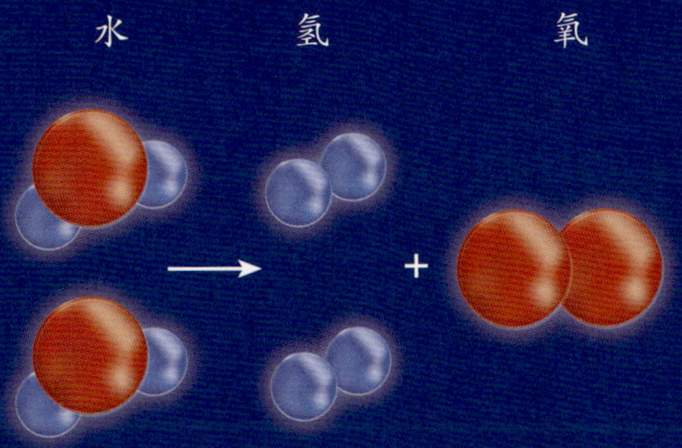

大创意：

仿生

Bio 一词来自古希腊语，其词根意思是生命。Mimesis 也来自古希腊语，意思是模仿。**仿生学**（biomimetics）是模仿生物工作方式的实用设计技术。生物进化的过程非常缓慢，经过数百万年演变它们才能像现在这么高效。水母的进化，使它能用很少的能量来游水。

“水母或多或少倾向于随波逐流，它们大多静止不动，时而进行一次跳动（一次舒张与收缩）。水母收缩并挤压水，把身体推向相反的方向。在水母所处的环境中没有足够的能量使它连续不断地跳动和喷水。” —— 派克

通过像水母一样在水中移动，机器人能更有效地利用木卫二上有限的能源。

水母是用类似胶状的材料支撑它们柔软身体的水生动物。它们通过把身体像降落伞那样膨胀张开，然后再迅速收缩的方式来游水。

这种从躯体下把水迅速挤出的动作使水母能在水里穿行。

发明者的故事：

其他兴趣

派克对建造东西的兴趣并没有使他直接去工程实验室。年轻时他对计算机科学很感兴趣。他记得曾听说 20 世纪 80 年代初有过一场业余计算机程序员的比赛。

“你不得不回想一下 1983 年的景象。我们刚刚走出计算机应用的‘黑暗年代’。人们不用为 IBM 这样的大公司工作就可以用键盘打字并编写自己的小程序，这在当时确实是件新鲜事。人们听说有这样的比赛感到很好奇，通过这种方式人们认识到他们有解决技术问题的能力。”

—— 派克

和他父亲一样，派克也喜欢读书和写作。在大学里，他曾学过中世纪英国文学（大约 8 世纪到 15 世纪末

的英国文学作品）。但是他想创造新事物的愿望把他带回了工程部。

“我一直对做一些新的、以前从来没人做过的事情感兴趣。我觉得我在英国文学方面做不到这点。其他人也许可以，但是对我来说我觉得我可以在科技世界做出更大的贡献。”

—— 派克

年幼的派克和他的父亲。

派克曾经考虑当一个插画小说作家。他甚至在烹饪学校学习过一段时间，沉迷于糕点制作。

“要做所有你感兴趣的事情是很难的。我告诉我的学生们，你们需要的并不是能让你做所有你感兴趣的事情的工作。而是能让你做你最感兴趣的事情的工作。毫无疑问，我对太空和探索最感兴趣。”

—— 派克

到木卫二去

今天，派克和他的团队正在实验室里做实验，看看这些软体机器人是否能工作。如果他们成功的话，数年之后将有一项真实的任务。那次任务将会是什么样子呢？

一枚火箭将从地球上发射，携带着一个或几个类似鱼的软体机器人以及把它们送到木卫二海洋所需的设备。

木星看起来是地球在太阳系的隔壁邻居。但这颗行星却离地球有数亿千米远。飞往木卫二的飞船可能要花五年左右的时间才能到达目的地。

一旦到达木星，飞船就会进入围绕木卫二的轨道。从那里，它会向木卫二表面降落一个**着陆器**。着陆器会将电池供电的、同时携带着湿软机器人的加热器插入冰中。这个装置会在数周或几个月的时间里钻透几十千米的冰层。

当加热器最终到达水面时，它会放出湿软的探测机器人，探测机器人会进入黑暗、寒冷的海洋。加热器会留在原地，作为一个通信中继设备。探测机器人收集到的数据会通过无线电传送到加热器，再从那里传送到着陆器、轨道，并最终传送到地球。

轻装前行

“运送东西到遥远的木卫二是很贵的。即使是一个非常小的物体，比如说一片水果那么小，也可能花费数百万甚至十亿美元。我们的探测器可以做得相当小——像足球那么大，重量可能只有几千克。”

—— 派克

幸运的是，需要运送到木卫二海洋的机器人和所有设备的重量可能不到 45 千克。它可能轻得足以搭上另一次飞往木星的任务。

一枚大型火箭可以携带派克的软体机器人，伴随另一项任务（例如轨道卫星）飞到木卫二。

虽然木卫二之旅还很遥远，但是派克已经有了如何把湿软的机器人送到它们能工作的冰下海洋的方案：

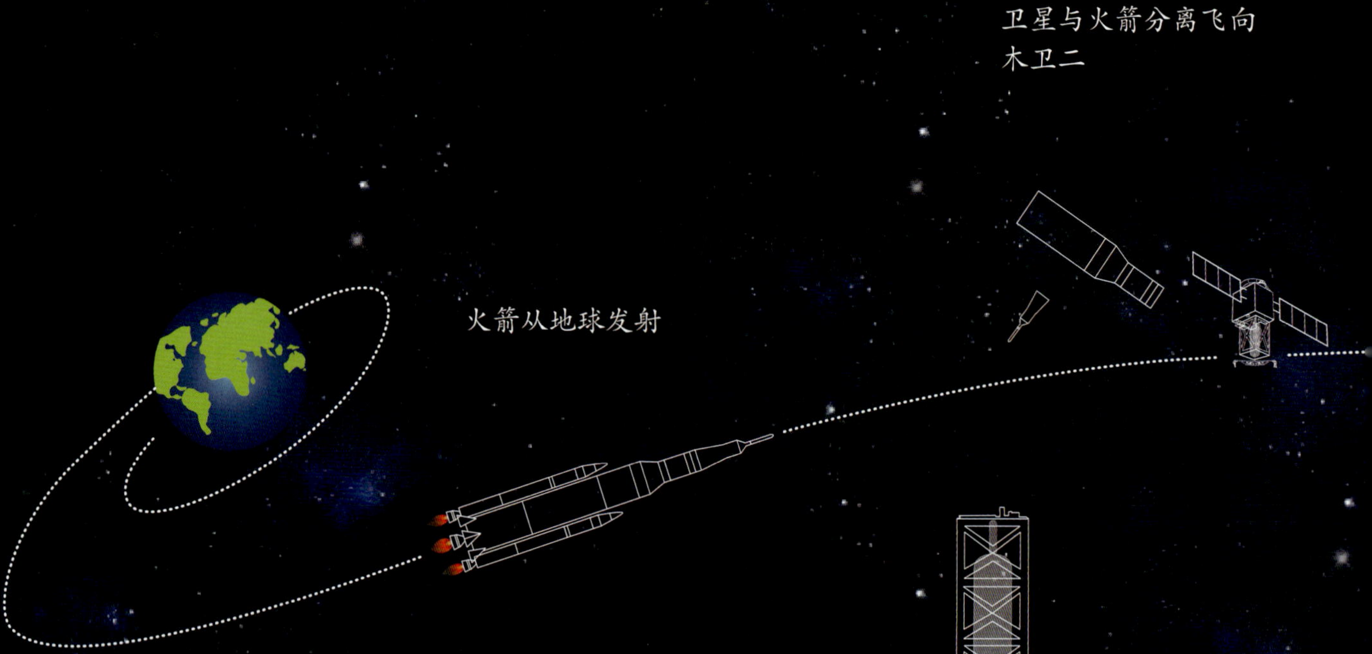

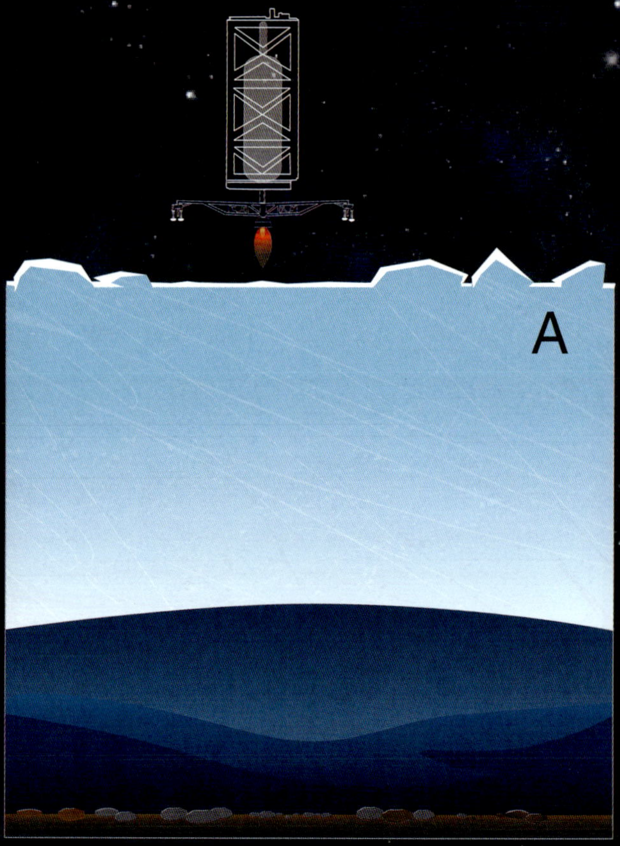

着陆器会轻轻地降落在木卫二表面，用火箭减缓降落速度 (A)。一旦着陆，它就会释放出一个加热器使冰融化 (B)。一旦到达液态水，加热器就会释放出派克的湿软的探测机器人 (C)。加热器和着陆器将留在原地，作为机器人的无线电中继站。

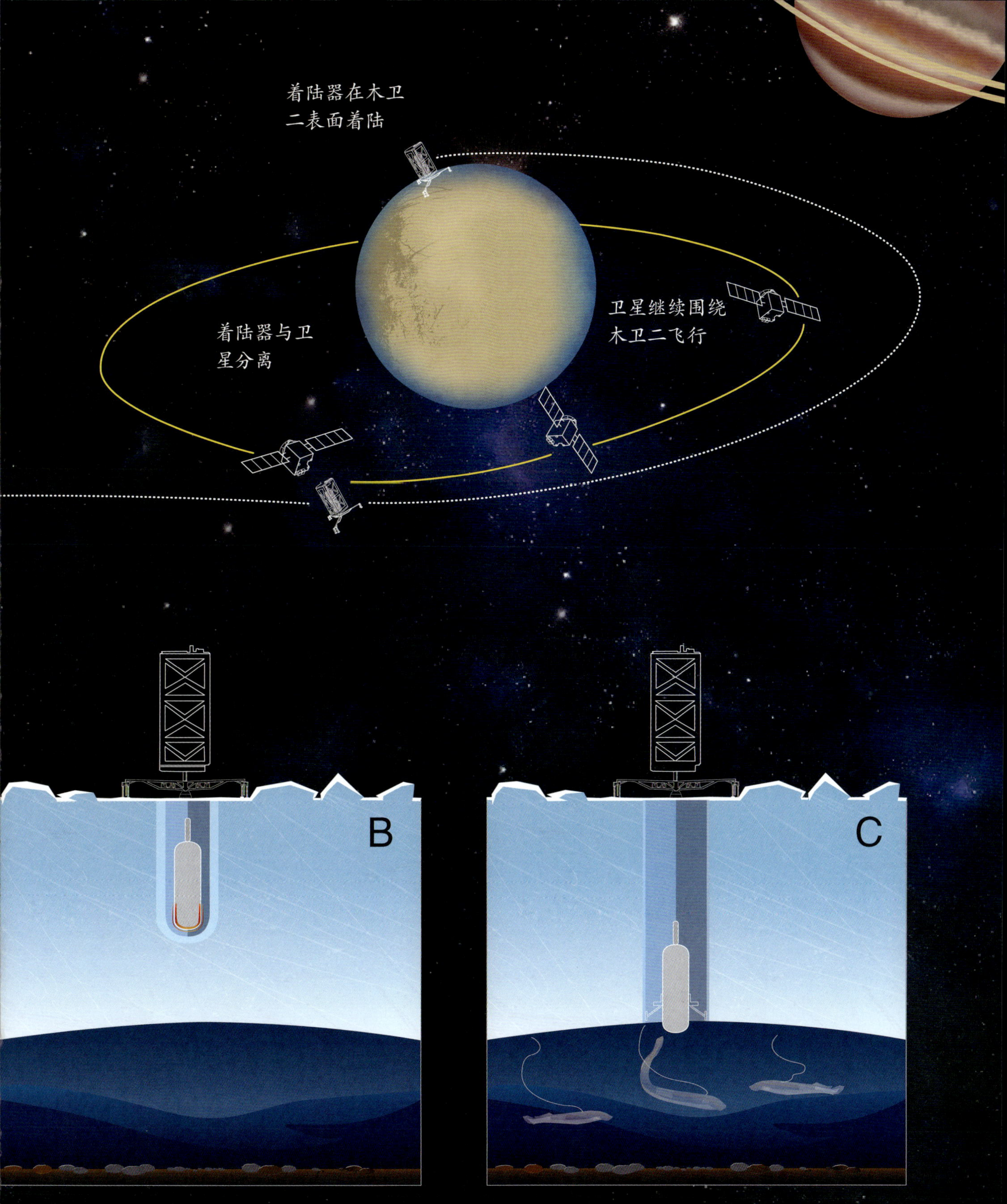
着陆器在木卫
二表面着陆
卫星继续围绕
木卫二飞行
着陆器与卫
星分离
B
C

寻找生命

在木卫二冰冷的海洋里寻找生命似乎很奇怪。但地球深海也有类似的环境。在其中一些地方，生命的形式相当丰富。一个有趣的例子是**深海热泉**。它位于地球的海洋深处，在那里，热的、富含矿物质的水从海底下面涌出。

在陆地上，生物所使用的大部分能量来自植物。植物则从阳光中获取能量。它们通过光合作用利用阳光制造养料。动物又通过吃植物或其他动物获得能量。这构成了以陆地为基础的**生态系统**。

然而，在深海热泉，没有制造养料的阳光。相反，特殊的细菌（由单细胞组成的简单生物）通过分解富含矿物质的水中的化学物质来获得能量。这种生命方式被称为**化能合成**。其他生物可以利用这些细菌作为食物，支持令人惊讶的丰富的生态系统。

木卫二上会有类似的生命存在吗？为了找出答案，我们要派我们的湿软机器人去探索。但是，当它们找到生命时，它们又如何去识别呢？

富含矿物质的水从深海热泉喷口涌出，像黑色羽毛状的烟雾。深海热泉维系了各种深海生物，包括图中红白相间的管虫。

询问梅森·派克

机器人在这么冷的地方会冻坏吗？

“在去木卫二的路上，只要机器人不动，就没有真正的风险。就像我们在家里把易碎的东西放进冰箱里。只要你不把它拿出来并试图快速移动，它会仍然保持完好无损。”

——派克

派克和他的团队已经识别出大量即使在低温下仍然保持其柔韧性的橡胶材料。而且，一旦机器人到达木卫二的水域，它就会变得温暖。

“我们都知道水在0℃左右会结冰。这在宇宙中的每一个角落都是一样的，所以在木卫二上也是这样。如果有液态水，我们知道它的温度不会比0℃低。”

—— 派克

探测机器人可能会使用特殊的化学传感器（根据设计能测量酸性水的水温从而识别到任何其他东西的装置）。这些传感器能找到的一样东西就是**蛋白质**。蛋白质是一种特殊的化合物（多种化学物质的混合物），对生命很重要，构成活细胞的大部分结构。称为酶的特殊蛋白质有助于将一种化学物质转化为另一种化学物质。酶在细胞中起着很大的作用。

生命体会制造和使用多种蛋白质。但有些蛋白质是由非生命活动如雷击产生的。因此，仅仅找到蛋白质不一定是存在生命的证据。但是由生命体产生的蛋白质有着一个重要的特征。

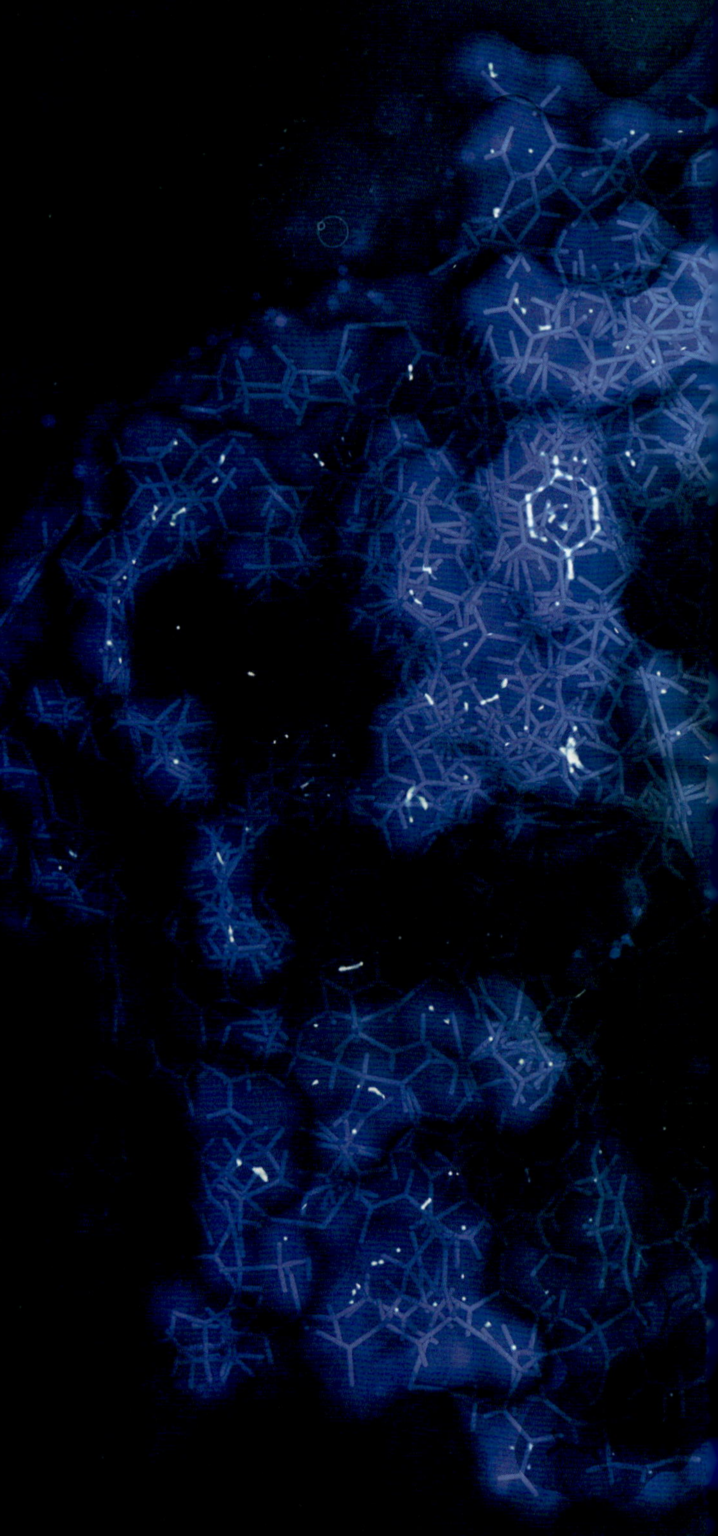

这是艺术家描绘的酶。
酶是完成细胞大部分功能的特殊蛋白质。

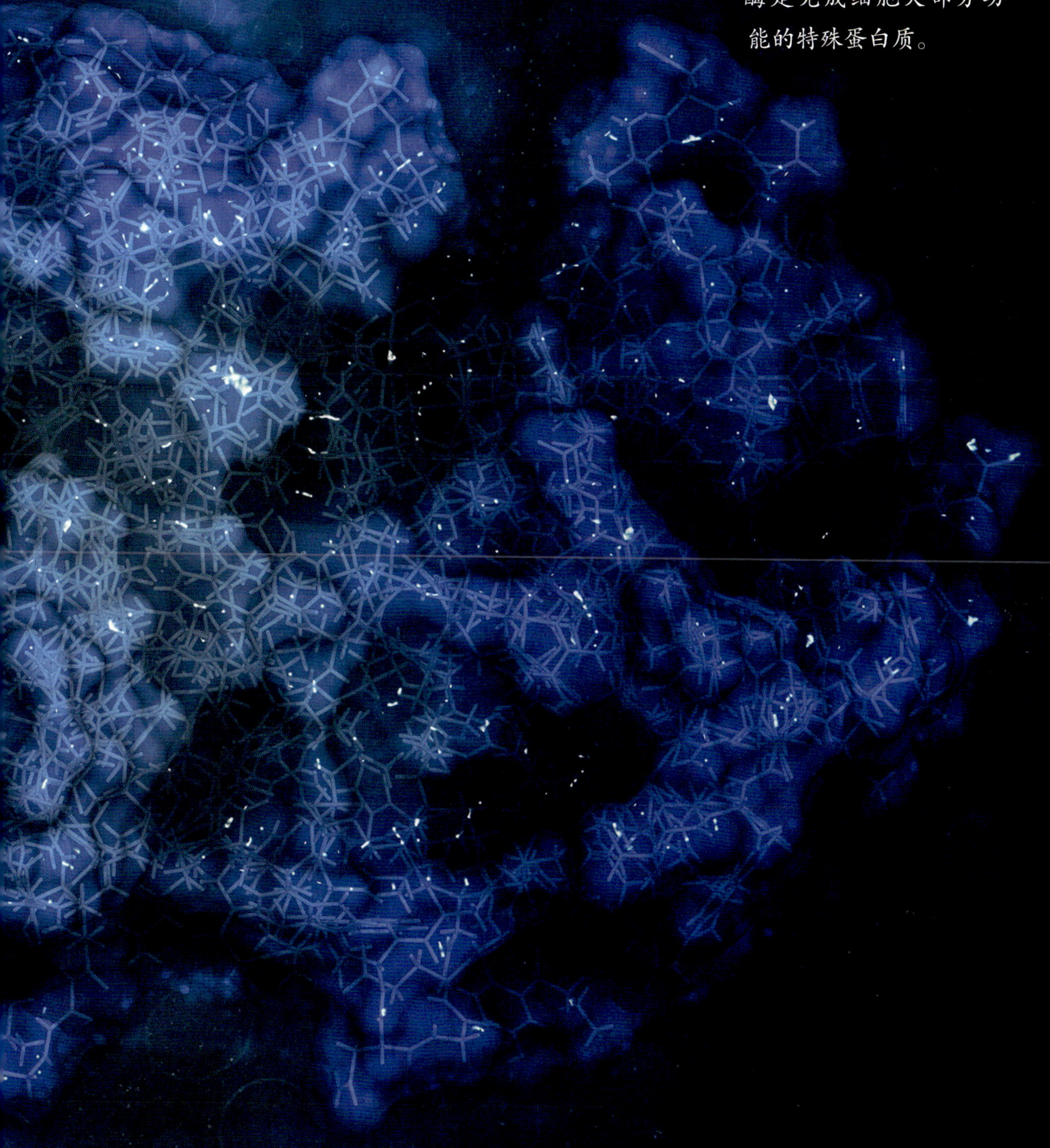

许多蛋白质有两种不同的形状。这些形状基本上是相同的，但它们面向相反的方向。要理解这到底是怎么回事，请看一下你的右手和左手。每只手都有手掌连接着五个手指。但右手的拇指在一边，而左手的拇指却在另一边。事实上，把蛋白质看作是右手和左手的版本是很有用的。

非生命过程产生蛋白质时，它们会产生两种形式相等的混合。也就是说，右手版和左手版的数量相等。但生命体似乎总是偏爱一种形式而不喜欢另一种形式。因此，如果机器人检测到以右手版为主或以左手版为主的蛋白质的话，它们可能已经发现了外星生命的证据了。

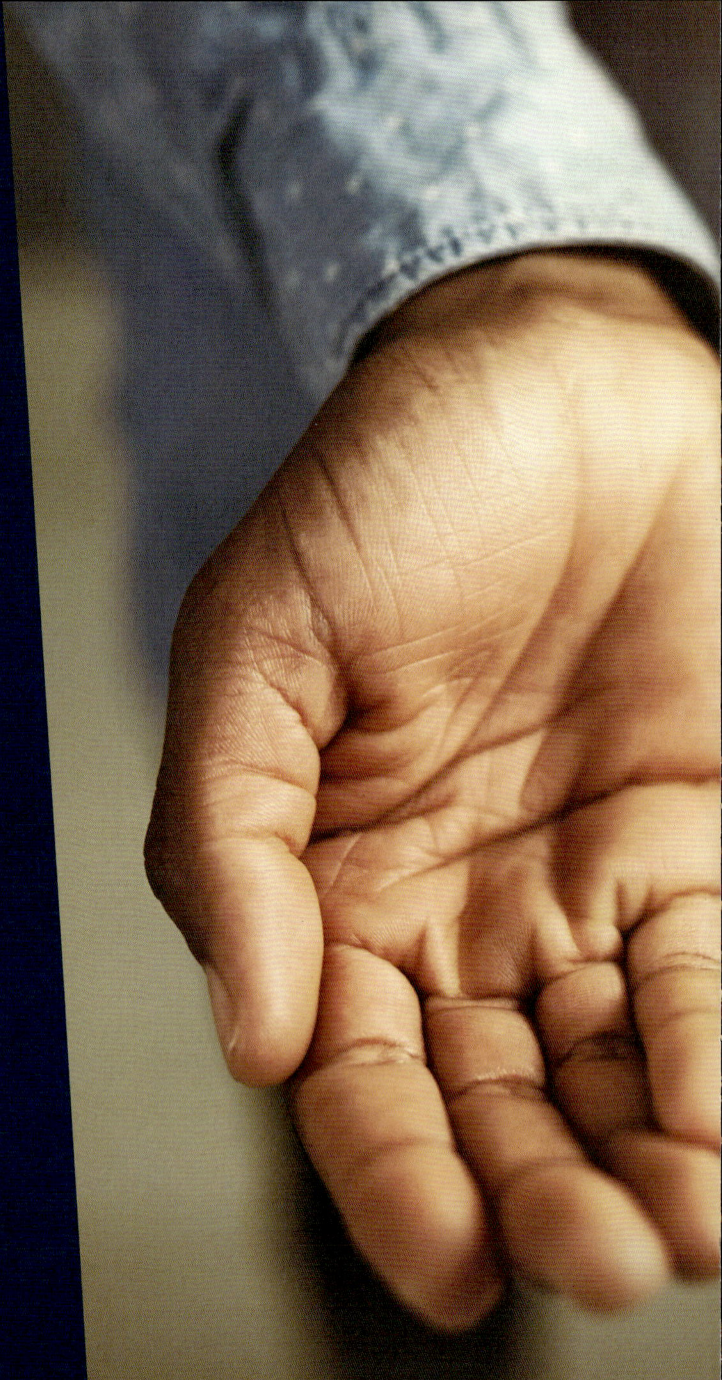

手性

左手和右手基本相同，但排列方向相反。同样，许多蛋白质的形状相同但是方向相反。

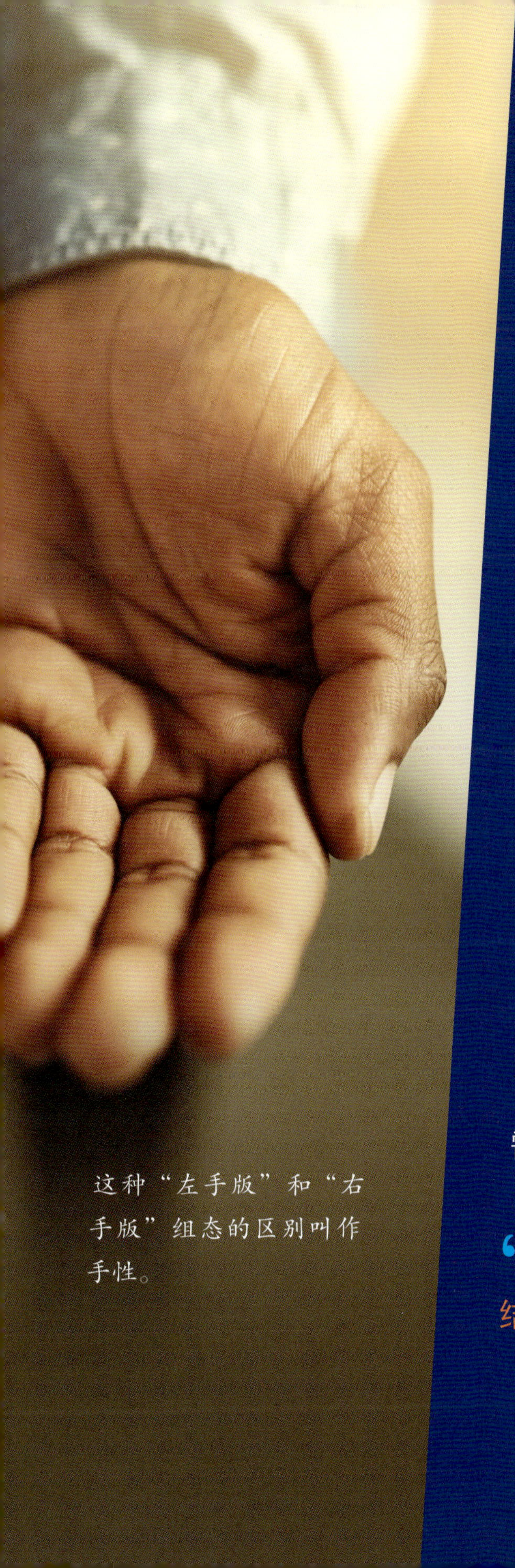

这种“左手版”和“右手版”组态的区别叫作手性。

询问梅森·派克

能从地球上来控制机器人吗？

“机器人是自主（自己控制自己）的。”

—— 派克

遥控设备通常由无线电信号控制，这种情况下来自地球上的无线控制信号即使以光速传播也要花上几个小时才能到达木星。

“这种信号延迟导致基本上不可能采用遥控法。想象一下，拿着一个游戏控制器，试着让屏幕上的角色在两个小时后完成你想做的事情。”

—— 派克

不仅如此，机器人通过无线电传送的报告也需要同样的时间才能返回地球。

“所以你要在四个小时后才能看到你控制的结果！”

—— 派克

发明者的故事：

比赛

在学校里，一位七年级的老师培养了派克对科学的兴趣。这位老师鼓励派克参加科学博览会的比赛。但有一点：他想确保派克使用的是个原创的方案。

“他坚持要求这个项目是我一个人想出来的。”

——派克

派克从当地的一条小溪里采集了水样。他把样品放在不同温度、光照和化学剂的条件下。然后，他通过对每个样本中微生物（只有通过显微镜才能看到的生物）的计数来分析环境对野生动物的影响。

该项目在地方和县科学博览会中获得第一名，并在国家科学博览会中获荣誉奖。但更重要的是，它使派克知道他可以研究任何他感兴趣的东西。

“它让我认识到，我实际上可以做一些真正的科学研究，而不是仅仅跟随别人的想法。”

——派克

比赛焦点：立方体卫星竞赛

今天，更多的比赛使孩子们能够比以往任何时候都有机会参与科技活动。派克本人就启发了一个在科幻小说博物馆主办的立方体卫星比赛中获胜的团队。立方体卫星是小型人造卫星，设计成以相对便宜的价格大规模发射。派克在纽约州伊萨卡的伊萨卡高中做了一次关于比赛的讲座后，学生们提议造一颗立方体卫星，它可以用一种叫作太阳帆的特殊装置留在环绕地球的轨道上。现在，康奈尔大学的学生们正在建造这种卫星并准备发射。

伊莎贝尔·道森（中间戴紫色头巾者），伊萨卡高中队的队长，与正在建造立方体卫星的康奈尔团队合影。

梅森·派克和他的团队

康奈尔大学电解推进研究小组

后排从左到右：雅各布·哈伯格、亨特·亚当斯、埃米莉·卡梅拉、埃里克斯·王；前排从左到右：菲利普·佩雷拉、梅森·派克、凯尔·道尔、麦克斯·马洛尼；未拍照的有罗布·谢泼德教授

梅森·派克（右）和他的儿子艾丹·派克（右边穿蓝色衬衫者）参加了2016年美国国家航空和航天局在华盛顿特区国会山举办的技术日活动。

词汇表

太阳系 银河系中以太阳为中心的天体系统，包括太阳、八大行星及其卫星和不计其数的其他天体。

卫星 围绕行星旋转的天体。

微生物 非常微小的生物。

氢 （化学符号 H）最简单的原子和最丰富的化学元素。宇宙中百分之九十的原子是氢原子。

氦 （化学符号 He）一种轻的气体和化学元素。氢是唯一比氦轻的元素。

磁场 在磁铁或磁性物体周围形成的磁性影响的无形区域。

引力 所有物体之间由于具有质量而产生的吸引力。由于引力，一个靠近地球的物体向地球表面坠落。我们因自己的体重而感受到这种力。

潮汐加热 由于附近一个巨大天体的引力引起的拉伸和挤压而使行星内部加热。

天体生物学家 专门寻找外星生命的科学家。

太阳能 从阳光中获得的能量。

核能 由原子核的变化释放出的强大能量。

电磁感应 用变化的磁场在导体中产生电流的过程。

电动能量采集 通过磁场的变化，利用导体（一种传递热、电、光、声音或其他形式能量的物体）来产生电流、收集能量的方法。

软体机器人技术 设计具有用橡胶或塑料制成的柔软运动部件的机器人的技术。

活塞 在管子内紧密吻合的盘状物。它通过诸如电力或蒸汽压力之类的力在管子内来回移动。连杆连接在活塞上，能够把活塞的运动传到其他机件。

泵 用以增加液体或气体的压力并输送液体或气体的机械。

电解 用电分离化学物质。

仿生学 研究生物特性，设计能像生物一样工作的机器的学科。

着陆器 设计用于在行星、月球或其他天体上着陆的航天器。

深海热泉 从地球海底涌出温暖而富含矿物质的水的地方。只要海底有火山活动，它们就会出现。

生态系统 由生物及其环境组成的系统。生态系统中的生物相互依赖，依靠环境提供它们所需的东西，如食物和住所。

化能合成 生物利用化学物质中的能量制造养料的过程。

蛋白质 一类对生物很重要的化合物（含有不止一种原子的物质）。

更多信息

想了解更多关于木星的知识吗?

Jupiter and the Asteroids. Explore the Solar System. World Book, Inc., 2016.

想了解更多关于如何制造机器人的知识吗？

Ceceri, Kathy. *Making Simple Robots: Exploring Cutting-Edge Robotics with Everyday Stuff*. Maker Media, Inc., 2015.

想知道更多关于能源工程的知识吗?

Nixon, Jonathan. *Energy Engineering and Powering the Future (Engineering in Action)*. Engineering in Action. Crabtree Publishing Company, 2016.

像发明家一样思考

想象一下，你正在设计自己的软体机器人来探索一个遥远的行星。你会以什么动物作为你的探测器的模型? 画一张探测器的图片，并解释它将如何移动和进行探索。

致谢

下列机构、个人、公司、图书出版单位为本书提供了照片及其他插图，书中出现的每一幅插图所对应的页码均列在提供单位和个人的前面。

封面	WORLD BOOK illustration by Francis Lea (©Detlev van Ravenswaay, Science Source)
4–5	© Stocktrek Images/Getty Images
6–7	© Dmitry Lobanov, Shutterstock
8–9	NASA/JPL–Caltech/SETI Institute; WORLD BOOK illustration by Rob Wood
10–11	© Detlev van Ravenswaay, Science Source
12–13	© Detlev van Ravenswaay, Science Source
14–15	© Science Source
16	Mason Peck
18–19	© Walt Disney; © Lucasfilm
20–21	Soft Robotics/Robot Magazine; Mason Peck
22	Croak & Dagger/Sisters in Crime
23	Mason Peck; © Lucasfilm
24	© Everett Collection/Alamy; © Warner Bros.
25	© Philippe Hupp, Gamma–Rapho/Getty Images; © Warner Bros.
27	Mason Peck; © Shutterstock
29	© wolfmaster 13/Shutterstock
31	Mason Peck
32–33	NASA
34–35	WORLD BOOK illustration by Francis Lea
36–37	NOAA PMEL EOI
38–39	© molekuul_be/Shutterstock
40–41	© PeopleImages/iStock
42–43	© Tom Fleischman, Cornell Chronicle
44	Mason Peck; NASA

图书在版编目（CIP）数据

鱼形太空探测器 /（美）杰夫·德·拉·罗莎著；朱卫国译．—上海：上海辞书出版社，2018.8

ISBN 978－7－5326－5151－1

Ⅰ.①鱼… Ⅱ.①杰… ②朱… Ⅲ.①木星探测器 Ⅳ.①V476.4

中国版本图书馆 CIP 数据核字（2018）第 155694 号

鱼形太空探测器 yú xíng tài kōng tàn cè qì

〔美〕杰夫·德·拉·罗莎 著 朱卫国 译

责任编辑 周天宏
封面设计 梁业礼

出版发行 上海世纪出版集团
上海辞书出版社（www.cishu.com.cn）
地　　址 上海市陕西北路 457 号（200040）
印　　刷 上海雅昌艺术印刷有限公司
开　　本 890×1240 毫米 1/16
印　　张 3
字　　数 40 000
版　　次 2018 年 8 月第 1 版 2018 年 8 月第 1 次印刷
书　　号 ISBN 978－7－5326－5151－1 / V·1
定　　价 25.00 元